毎日チェック
してね！

記入例（きにゅうれい）

| 月　日（金） | 月　日（土） | 月　　日 |
|---|---|---|
| | | |
| 回 | 回 | 回 |
| | | |
| | | |
| 朝<br>夜 | 朝<br>夜 | 朝<br>夜 |
| | | |
| | | |

| 10月17日（火） |
|---|
| 目、耳、鼻はきれい。<br>毛なみやおしりもきれい。 |
| 2回 |
| 色、量、いつもと同じ。 |
| 60こくらい<br><br>色、固さ、いつもと同じ。<br>きのうより量は多め。 |
| 朝 フードを半分くらい残した。<br>夜 フード完食。<br>牧草ももりもり食べた。<br>夜に小松菜を1枚あげた。 |
| 部屋んぽのときに、<br>ボールで元気に<br>遊んでいた。 |
| ケージの中で<br>ときどきうしろ足を<br>鳴らしていた。 |

JN023732

# 生きものとくらそう！❸

# うさぎ

## はじめに

かわいらしいうさぎは、だれもが知っている人気の動物です。

けれども、意外とその習性や飼いかたは知られていません。牧草だけを食べたり、活動的なのは朝や夕方だったり、小さな穴やすみっこが好きだったり。こう聞くと、うさぎと仲よくなれるの？　と不安に思うかもしれません。だいじょうぶです！　うさぎは集団でくらし、さまざまな方法で仲間とコミュニケーションをとる動物なので、わたしたち人間とも仲よくなれるのです。

仲よくなるには、うさぎのさまざまな行動の意味を知る必要があります。いうならば、なぞ解きのようなもの。時間をかけてなぞを解けば、うさぎはきっとすてきな家族になるはずです。

この本には、うさぎの習性や性格、体のひみつなど、なぞ解きのヒントがたくさん書かれています。うさぎのことを知り、向きあえば、きっとうさぎの気もちが見えてくるでしょう。ときには、わたしたちががまんすることも必要です。動物とくらすには、飼い主が責任をもたなければなりません。そのためには、知ることが大切なのです。この本を通して、生きものとくらす楽しさとむずかしさ、そしてたくさんの幸せを感じてほしいと思います。

蔵並秀明（「うさぎのしっぽ」専務取締役）

# もくじ

## 1 うさぎってどんな動物？

## 2 うさぎをむかえる前に

# ③ うさぎのお世話をしよう

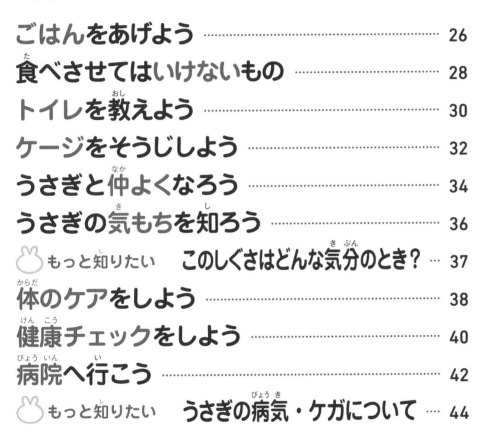

## こんなとき、どうする？Q&A

# どんなうさぎがいるの？

毛の長さや色、もよう、耳の形など、うさぎによって
いろいろなちがいがあります。

## 色やもよう、耳の形もさまざま

うさぎの祖先は野生のアナウサギです。品種改良を重ねて、現在のようなさまざまな品種のうさぎが生まれました。たとえば耳を見ると、立っていたりたれていたり、短かったり長かったり、ちがいがあります。どんな特ちょうがあるのか見ていきましょう。

### 耳の形

**立ち耳**

好奇心おうせいで、活発な性格のうさぎが多い。病気の心配が少なく、耳のお手入れも簡単で飼いやすい。

**たれ耳**

おとなしくてのんびりした性格のうさぎが多く、だっこもしやすい。耳の病気などに注意が必要。

## 毛の長さ

### 毛が短い（短毛種）

ブラッシングなどのお手入れに時間がかからない（→38ページ）。

### 毛が長い（長毛種）

毛玉ができやすいので、毎日ブラッシングが必要（→39ページ）。

## たれ耳うさぎのルーツ

たれ耳うさぎのことを「ロップイヤー」といいます。ロップイヤーの先祖は、イギリスのイングリッシュロップといううさぎです。18世紀には誕生していた長い歴史をもつうさぎで、60～70cmもの長い耳が特ちょうです。

▼ イングリッシュロップの子うさぎ

## 毛の色やもよう

ここで紹介する種類のほかにも、たくさんの色やもようがあります。
※うさぎの品種名ではなく、色（カラー）の名前を紹介しています。

▲ トータス

リクガメ（英語でトータスという）のこうらの色にたとえられる毛色。背中がオレンジ色。頭、耳、足先に黒のグラデーションがかかっている。

▲ ブラックオター

オターは英語でカワウソという意味。黒い体に首のうしろはオレンジ色。目や鼻、口まわりなどには白のポイントカラーが入っている。

▲ セーブルポイント

セーブルは英語で黒貂（イタチ）という意味。黄みがかった白い体に、鼻先、耳、足先、しっぽにセピアブラウンのグラデーションがかかっている。

▲ チンチラ

チンチラという動物にたとえられる毛色。うすいグレーの体に、白い毛が混じっている。

▲ オパール

オパールという宝石にたとえられる毛色。体はグレーにうすいオレンジ色が混ざっている。

▲ クリーム

全体が淡いベージュの毛色。目のまわりとおなかは白色。

# 世界のいろいろなうさぎ

品種改良が進み、ペットとして飼われているうさぎは世界中にいます。どんなうさぎがどの国で生まれたのか、見てみましょう。

※うさぎの名前は、アメリカのブリーダー協会ARBA（American Rabbit Breeders Association）によって定められた品種名にもとづき、紹介しています。

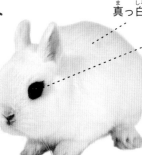

## ドイツのうさぎ

### ドワーフホト

・好奇心おうせいで人なつっこい性格
・少し気が強い一面もある
・体重は 1 ～ 1.5 kg

真っ白な毛色

目のまわりの黒いふちどりが特ちょう

## オランダのうさぎ

### ネザーランドドワーフ

ピンと立った短い耳

・活発で好奇心おうせいな性格
・人になれやすいうさぎが多いが、せんさいなうさぎもいる
・体重は 0.8 ～ 1.3 kg

クリクリした大きな目

コロンと小さな体

### ダッチ

白と黒でくっきり分かれた色

八の字もようになった顔

・おだやかで遊び好きな性格
・ジャイアントパンダに似た毛色から、日本では「パンダウサギ」の愛称で親しまれている
・体重は 1.8 ～ 2.7 kg

### ホーランドロップ

たれた短い耳

頭のてっぺんにはえている長めの太い毛「クラウン」が特ちょう

たれ耳うさぎの中でもっとも小さな品種

・あまえんぼうでおっとりしている
・人のあとをついてまわるなど人なつっこい
・体重は約 1.8 kg

## フランスのうさぎ

### フレンチロップ

厚みがある長い耳

たれ耳うさぎの中でもっとも大きな品種

・おだやかな性格でなつきやすい
・イングリッシュロップ（→5ページ）と大型の立ち耳うさぎから誕生した
・体重は約 5 kg

## イギリスのうさぎ

### イングリッシュアンゴラ

耳の先の毛がとくに長い

・とてもおとなしく、お手入れ中もじっとしていられるうさぎが多い
・むかしは貴族など上流階級でよく飼われていた
・体重は約 3 kg

なめらかで長い毛

## アメリカのうさぎ

### ミニレッキス

毛が密集していて、まるでビロードのような手ざわり

・かしこくあまえんぼうで、ものおじしない
・大型のレッキス種と小型の立ち耳うさぎから誕生した
・体重は 1.4 〜 2.1 kg

足の力が強い

ちぢれたひげ

### アメリカンファジーロップ

やわらかな長毛

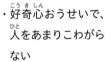

・好奇心おうせいで、人をあまりこわがらない
・自己主張が強い一面もある
・体重は 1.3 〜 2 kg

ずんぐりと丸い体

### ジャージーウーリー

両耳の間からはえている長めの毛「ウールキャップ」が特ちょう

ふわふわとやわらかい毛

・少しおくびょうでおとなしい性格
・毛は長いがからまりにくく、手入れがしやすい
・体重は 1.3 〜 1.8 kg

## ベルギーのうさぎ

### ライオンヘッド

ライオンのたてがみのような毛

・おだやかな性格で人になつきやすい
・このうさぎに似た見た目のうさぎを「ライオンラビット」と呼ぶ
・体重は約 1.9 kg

体のわきにスカート状の長い毛がはえることもある

## 品種が混ざったうさぎ

### ミニウサギ

いろいろな種類をかけあわせてできたうさぎのことを「ミニウサギ」と呼びます。色や大きさ、耳の形、性格もさまざまで、どんな特ちょうが出るかはわかりません。"ミニ"とついていますが、大きいこともあります。

## 世界一大きなうさぎ

世界のうさぎの中でもっとも大きいのはフレミッシュジャイアントです。おとなになると体重が 10 kg をこえることもあります。大きな体ですが、とてもおとなしい性格です。

▼ フレミッシュジャイアント

# うさぎの習性を知ろう

うさぎを飼う前に、うさぎという動物を知り、
つきあいかたのヒントにしましょう。

## うさぎの祖先はアナウサギ

野生のうさぎにはノウサギとアナウサギがいます。見た目は似ていますが、ノウサギは草木のしげみに、アナウサギは地面に穴をほって巣をつくるというちがいがあります。ペットとして飼われているうさぎ（カイウサギ）の祖先は、ヨーロッパにすむアナウサギです。アナウサギは性質がおとなしかったためペットとして改良されましたが、人間との歴史はまだ浅く、野生の本能や習性が強く残っています。

### 早朝・夕方に活動

アナウサギは、昼間は巣穴でねむり、早朝（薄明）や夕方（薄暮）に食べものをさがしたり、繁殖行動（交尾）を行ったりする「薄明薄暮性」の動物。

うさぎは本来、目を開けたまま短い睡眠をくり返す。ペットのうさぎは、安心すると目を閉じて寝る。

## 地面をほりたがる

アナウサギは土の中に巣穴をほり、その中でくらす。ペットのうさぎも、カーペットやふとんなどのやわらかいところをほろうとする。

## 毛づくろいをする

野生では、肉食動物にねらわれる立場にあるうさぎ。においで敵に気づかれないように、こまめに体をなめたり、顔や耳を前足でこすったりして、体についたにおいを消す。

## 暗くせまい場所が好き

アナウサギの巣穴は、「ワーレン」と呼ばれるトンネルでつながったいくつかの部屋でできています。巣穴は安全な場所であるとうさぎは感じているので、暗くせまい場所にいると本能的に気もちが落ちつくようです。

部屋の中では、家具の下やすき間、カーテンのうらなどに入りこむ。入ってほしくないところは、あらかじめふさいでおこう。

## においをつけたがる

うさぎのあごの下には、においを出すところがあります。あごをこすりつけることでにおいをつけて、なわばり（自分専用のスペース）をつくります。においは少しずつうすくなっていくので、毎日同じ場所にあごをこすりつけ、においを重ねづけします。

オスのうさぎの場合、オシッコをまき散らす「スプレー」という行動で、においをつける（マーキング）こともある。

## かじることが好き

じょうぶな歯を使い、せんいの多い草をたくさん食べるうさぎは、本能でものをかじります。

ケージの中でさくをかむことがあるため、かじり木をあたえよう（→23ページ）。

## 日本の野生種

日本にも野生のうさぎが4種類います。ニホンノウサギは本州から四国、九州に広く生息し、エゾユキウサギは北海道に、エゾナキウサギは北海道の一部にのみ生息しています。アマミノクロウサギは奄美大島と徳之島にのみ生息する固有種で、国の特別天然記念物であり、絶滅危惧種に指定されています。

# うさぎってどんな動物?

# うさぎの性格の特ちょう

うさぎはどんな性格をしているのでしょう？
性格を知ってお世話のコツをつかみましょう。

## うさぎの性格に合ったつきあいかたをしよう

野生のうさぎは群れで生活していますが、1ぴき1ぴきはなわばり意識が強く、行動するときは単独が多いです。うさぎの性格を知ることで、どんなことに気をつけてお世話をしたらいいか、どうしたら仲よくできるかがわかります。性格には品種や個性によるちがいもありますが、うさぎに共通する特ちょうを見てみましょう。

## なわばりを大切にする

野生のうさぎの巣穴はいくつかの部屋に分かれていて、自分のなわばりに、ほかのうさぎが入ってくることをとてもいやがります。ペットのうさぎも同じように、なわばりに強いこだわりをもちます。

### お世話のコツ

オスは基本的になわばりを広げようとし、メスは子育てのためになわばりを強く守ろうとする。複数のうさぎを同じケージで飼うとケンカになるので、必ず1ぴきに1つずつ、ケージを用意しよう。

## おくびょう

野生で敵にねらわれる立場のうさぎは、つねにまわりをけいかいしながらくらしています。そのため、聞きなれない音や知らないにおいなど、「いつもとちがう」ことにストレスを感じます。

### お世話のコツ

うさぎにとって「いつもどおり」はなによりの幸せ。毎日きまった時間にごはんをあげたり、そうじをしたり、生活リズムを守ろう。また、季節に合わせて快適な室温をたもつことも大切（→32ページ）。

## こだわりが強い

うさぎは自立心があり、好きなものやしたいことは自分できめます。くきを食べてから穂を食べるなど好みの順番で牧草を食べたり、ケージのレイアウトが気にいらないと、ものを動かしてもようがえしたりします。

### お世話のコツ

牧草はうさぎの食べたい順番で食べられるよう、広めの器に入れよう。また、なわばり意識が強いうさぎにとってケージは安心できる場所なので、むやみにケージの中に手を入れないようにしよう。また、うさぎの体調がよくないときは、そっとしておこう。

## 気分屋

あまえたがったり、イライラしたり、うさぎはホルモンのバランスによって、気分が変わることがあります。とくに避妊・去勢手術（→43ページ）をしていないうさぎは気分の変化がはげしく起こりがちです。

### お世話のコツ

イライラしているようなら落ちつくまでそっとしておこう。あまえてくるときは愛情表現のほか、マウントをとっている（自分のほうがえらいと示す行動）場合もあるので、ようすを見て接しかたをくふうしよう。

### 🔍「さみしいと死ぬ」はウソ

うさぎは、さみしいという理由で死んでしまうことはありません。このウワサは、むかし放送された人気ドラマのセリフから誤解されて、広まったといわれています。放置しすぎるのもよくありませんが、かまいすぎるのも自立心が強いうさぎにとっては、ストレスになります。

# うさぎの体のひみつ

高くジャンプをしたり、地面に穴をほったり、
うさぎの体にはどんなひみつがあるのでしょう。

## うさぎの体は、身を守るためのつくり

人間とくらすようになる前、野生のうさぎは敵に見つからないように、地面にほった巣穴の中でくらし、巣穴の外ではすばやく行動していました。うさぎの体には、敵から身を守るためのしくみがたくさんそなわっています。

### 骨

うさぎの骨はうすくてとても軽いので、すばやく走ることができる。いっぽうもろくもあり、骨折しやすい（→45ページ）。

品種にもよるが、短い距離であれば時速40kmくらいのはやさで走ることができる。

### 前足

短い前足を使って、土をほったり、毛づくろいをしたりする。パンチをするのも得意。

## 毛

基本的には、3か月ごとに毛がはえ変わる（「換毛」という）。室内で飼われているペットのうさぎの場合、年間を通して大きな温度変化がないため、換毛するかしないか、換毛している時期が長いか短いかは、うさぎによってさまざま。

## 体

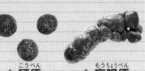

## ウンチは2種類

うさぎのウンチは、かたくてコロコロとした「硬便」と、やわらかくてぶどうの房のような形をした「盲腸便」の2種類がある。盲腸便には、たんぱく質やビタミンなどの栄養がふくまれている。

うさぎははいせつされた盲腸便を食べてもう一度消化して、栄養を残さず吸収している。

▲ 硬便　　▲ 盲腸便

## うしろ足

筋肉がとくに発達したうしろ足は、強いキック力をもつ。地面をふみしめて、高くジャンプしたり、はやく走ったりできる。

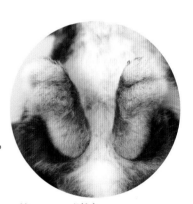

足のうらは肉球がなく、ふかふかの毛でおおわれている。

## しっぽ

しっぽのうら側は基本白色。フリフリと動かすのは集中しているとき。においをかいでいるときなどによく見られる。

野生では、しっぽをピンと立ててうら側の目立つ白色を見せることで、仲間に危険を知らせていたと考えられている。

# 1 うさぎってどんな動物？

## 耳

左右の耳を音がする方向へ別々に動かすことができる。また、うさぎは毛でおおわれているため汗腺（汗を出す腺）が発達していないが、ひかく的毛の少ない耳の血管から熱をにがし、体温の調節をしている。

たれ耳でも、耳をもち上げられるうさぎもいる。

### 顔

## 目

光を感じる能力は人間の8倍といわれ、うす暗いところでもものを見ることができるが、視力はあまりよくない。また、敵にすぐ気づけるように、あまりまばたきをしない。*

＊まばたきをしなくても目がかわかないしくみがある。

うさぎの目の色は茶色が多いが、赤や青、青みがかったグレー、グレーと青が混ざった色（マーブル）などもある。

## ひげ

道のはばをはかって通れるか判断したり、暗い場所のようすをさぐったり、センサーのはたらきをする。

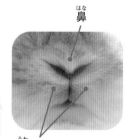

鼻

上くちびる

うさぎの口は上くちびるが割れた「Y」字形で、長い草などを食べるのに適している。この口とあごを自由に動かすことで、草をじょうずに食べられる。

## 鼻

うさぎはきゅう覚（においをかぐ力)がするどく、鼻をヒクヒクとよく動かし、さまざまなにおいをかぎ分けている。うさぎどうしでにおいをかぎあい、情報を交かんする。

## 口

歯は一生のびつづけるが、食事をするときに上下の歯がすれあうことで一定の長さにたもたれている。かみ合わせが悪くなる（「不正咬合」という）こともある（→44ページ）。舌にある「味蕾」という器官の数が人間の約2倍あり、味覚がすぐれている。

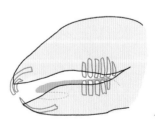

# うさぎのすごい能力

## ちょう力（聞く力）が発達している

うさぎは左右の耳を別々に動かせるので、360度すべての方向の音を聞きとることができます。とくに高い音を聞きとる力にすぐれ、かなり遠くの音でも聞くことができます。

たれ耳のうさぎは、耳を前後に動かして聞きたい方向に向ける。

## 見えるはんいが広い

うさぎは視力（見る力）があまりよくありません。ただし、目が顔の両側についているため、片目で見えるはんいが広く、野生では敵をはやく見つけることができます。

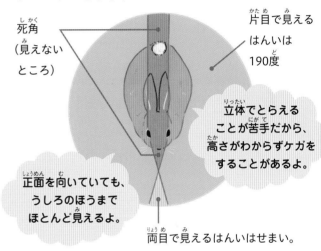

死角（見えないところ）

片目で見えるはんいは190度

立体でとらえることが苦手だから、高さがわからずケガをすることがあるよ。

正面を向いていても、うしろのほうまでほとんど見えるよ。

両目で見えるはんいはせまい。

## 子だくさん

うさぎは子孫をたくさん残そうとする本能があり、おとなのオスとメスを同じケージで飼うと、すぐに妊娠します。ミニウサギなどは1回の出産で4〜10ぴきほどの子うさぎをうみます。子うさぎを望まない場合は、避妊・去勢手術が必要です（→43ページ）。

## すぐれたジャンプ力

野生のうさぎは1mくらいの高さまでジャンプすることができます。また、はばとびも得意で、走って加速して3mくらいはとぶことができます。

うさぎはうれしかったり、楽しかったりすると、真上へピョンっとジャンプします。

# うさぎの成長のしかた

うさぎは人間よりもはやく成長します。
年れいごとのようすを見てみましょう。

## うさぎと人間の年れいをくらべてみよう

うさぎは生後6か月くらいまでに、体の器官がつくられていきます。6か月から1さい半くらいまでに、おとなの体つきになっていきます。

| 人間 | 0 さい | 2 さい | 5 さい | 7 さい | 13 さい |
|---|---|---|---|---|---|
| うさぎ | 0 さい | 1 か月 | 2 か月 | 3 か月 | 6 か月 |

### 生まれたて〜2か月くらい

生まれたてのうさぎの体重は30〜40gくらい。10日ほどで耳が聞こえるようになり、まぶたが開きます。お母さんうさぎの母乳を飲んで育ち、生後2か月くらいでおとなと同じごはんを食べるようになります。

### 3〜6か月ごろ

3〜6か月くらいで性成熟（子どももつくれるようになる）し、心も体も成長します。発情期がおとずれて自己主張が強くなり、自分のなわばりを主張したり、反抗的になったりすることもあります。避妊・去勢手術（→43ページ）は、オスは5か月〜1さいごろ、メスは7か月〜1さいごろに行います。

## うさぎの寿命

うさぎの寿命は 10 さいくらいといわれていますが、現在は 15 さい、16 さいと長生きするうさぎも多くいます。適切な食事や環境づくり、健康管理など、飼い主のお世話により長生きさせることができます。毎日大切にお世話をしましょう。

14さい4か月のうさぎ。

下の表はうさぎの年れいを人の年れいにおきかえています。年れいは目安です。

| 20 さい | 28 さい | 40 さい | 52 さい | 64 さい | 76 さい |
|---|---|---|---|---|---|
| 1 さい | 2 さい | 4 さい | 6 さい | 8 さい | 10 さい |

### 1〜2さいごろ

自己主張などが落ちつき、心のバランスがとれてきます。好奇心おうせいで体力もあるので、走りまわれる環境を整えて、たくさん遊ばせましょう。

### 2〜3さいごろ

なわばりを主張する行動などが落ちつき、生活が安定します。メスは 2〜3 さいになると、「肉垂」というあご下のたるみが目立ってきます。

### 8さい以上

8 さいくらいから老化がはっきり見られ、少しずつ体力がおとろえて、食べる量も減ります。病気の心配も出てくるので、念入りに健康チェックをしましょう（→40ページ）。

# うさぎを飼う心がまえ

命ある生きものをむかえるときは、最期まで
責任をもって飼えるか、よく考えてみましょう。

## 10年先のことまで考えよう

うさぎの寿命は10さいくらいといわれていますが、毎日きちんとお世話をして、病気を早期発見し、的確な治療をすれば、もっと長生きします。時間がたてば、自分や家族の生活も変化するでしょう。いまの気もちだけでなく、この先ずっと家族の一員としてうさぎのお世話ができるか、飼う前にじっくり考えましょう。

### うさぎをむかえる前に考えよう

#### ● 毎日お世話ができる？

ペットのうさぎは、飼い主がお世話しなければ、生きていけません。ごはんやそうじ、健康チェックなど、いろいろなお世話が必要です。どんなときでも欠かさず行いましょう。

#### ● すごしやすい環境をつくれる？

うさぎは自分の居場所を大切にする動物です。安心してくらせるように、うさぎの大きさに合った専用のケージを用意し、暑すぎず寒すぎない快適な場所にケージをおきましょう。

#### ● 家族みんなが賛成している？

新しい家族が増えるのですから、家族全員がうさぎを飼うことに賛成していなければなりません。みんなで協力してお世話ができるか、自分や家族にうさぎのアレルギーがないかも確認しましょう。

#### ● かかるお金を知っておこう

最初にそろえるケージやグッズに1〜3万円ほどかかります。また、ごはんやトイレ用品、病院代などにもお金がかかります。生きものを飼うにはお金がかかることを知っておきましょう。

幸せにできるか、
家族と
よく相談してね。

## どんなうさぎをむかえる？

うさぎを飼うことにきめたら、どんなうさぎをむかえたいか考えましょう。

### ● 純血種かミックス（雑種）か？

純血種

6〜7ページで紹介した、ミニウサギをのぞく原産国や品種がはっきりしているうさぎのこと。品種ごとにいろいろな特ちょうがある。

ミックス（雑種）

ミニウサギのこと。ミニとついても小さいとはかぎらず、耳が長くなったり、体が大きくなったり、成長につれて個性が出てくる。

### ● オスかメスか？

オス

メス

やんちゃであまえんぼうな性格のうさぎが多い。なわばりを広げようとする意識が強く、性成熟するとスプレー行動（→9ページ）をすることがある。

落ちつきはあるが、おくびょうな性格のうさぎが多い。妊娠すると、なわばりを守ろうとする意識が強くなったり、こうげき的になったりすることがある。

### 会いに行くときのポイント

うさぎは薄明薄暮性（→8ページ）の動物なので、昼間はほとんどねていて、夜になると活発になります。夕方5時以降のうさぎの活動時間帯に会いに行くと、うさぎのようすがわかりやすいでしょう。

## どこからうさぎをむかえる？

うさぎと出会える場所はさまざま。うさぎをむかえたあとにしっかりサポートしてもらえるところを選びましょう。保護うさぎ（→20ページ）を引きとるなどの方法もあります。

### ペットショップ

ペットを売っているお店で選んで買う。ミニウサギを売っていることも多い（→7ページ）。

### うさぎ専門店

うさぎを売っている専門のお店で選んで買う。種類ごとのうさぎの姿や行動、飼育環境を見て相談して選ぶことができる。

### ブリーダー

ブリーダーとは、動物の繁殖を専門に行う業者のこと。飼いたい品種を育てているブリーダーに相談しながらきめられる。

### 保護団体

保護団体や動物愛護センターが開く譲渡会へ参加して、保護うさぎをゆずり受ける。飼い主がいないうさぎの助けになる。

もっと
知りたい

# 保護うさぎとは？

保護うさぎとは、人間が飼えなくなるなど、いろいろな事情で保護された飼い主がいないうさぎのこと。そうしたうさぎたちを救うため、全国各地で保護団体や個人のボランティアがうさぎを引きとって新たな飼い主をさがす活動を行っています。うさぎを飼うとき、保護うさぎを引きとって「里親」になることを選ぶ人もいます。保護うさぎをさがすときは、実際に引きとるまでにお試し期間を設けている団体を選びましょう。

飼い主のいないうさぎは、保健所や地域の動物愛護センターなどに引きとられ、引きとり手が見つからなかった場合は殺処分されてしまうこともある。

## 保護うさぎと出会える場所は？

### ● 譲渡会

保護団体のスタッフが会場に保護うさぎを連れてきて、里親希望者が見に行きます。スタッフに話を聞き、相性のよいうさぎをさがすことができます。保護団体のホームページや動物病院のお知らせなどを見てみましょう。

保護うさぎをむかえるときは、譲渡会や保護うさぎシェルターなどで会うことができます。

### ● 保護うさぎシェルター

うさぎが保護されているシェルターに見学に行って、里親になりたい場合は申しこむことができます。ふれあうことで相性を確認できます。

## 保護うさぎにはどんなうさぎがいる？

保護うさぎには、子うさぎから老うさぎまでいろいろなうさぎがいます。多くはミックスですが、純血種もいます。

シェルターのスタッフや見学に来たお客さんと遊んだり、おやつをもらったりして、人になれやすいのが、うさぎたちにとってのよい点。

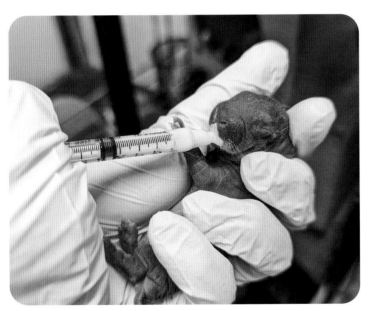

保護したときにはすでに妊娠しているうさぎもいて、生まれた赤ちゃんも大切に育てられる。

全国にはほかにも保護団体があります。さがしてみましょう。

このページの写真は……　保護うさぎの家　悠兎

ホームページ　https://hogousaginoieyuto.amebaownd.com

## 里親になるには？

### ❶ 条件を確認する

保護うさぎが新しい家で末永く幸せにくらせるよう、保護団体がそれぞれ条件をきめています。ホームページなどで確認しましょう。

### ❷ 保護団体が判断する

保護団体のほうで引きわたす家族をきめます。希望者が重なったり、条件に合わなかったりすることもあり、里親に申しこんでも希望どおりにならないことがあります。

### ❸ 相性を確認する

里親希望者の家でお試しで2週間ほどすごしてみて、うさぎがその家でくらしていけるか、おたがいに確認します。問題がなければ正式にうさぎをむかえます。

# うさぎをむかえる準備<sub>じゅんび</sub>

うさぎがおうちに来<sub>く</sub>る前<sub>まえ</sub>に、
どんな準備<sub>じゅんび</sub>をしたらよいでしょうか。

## あらかじめ準備<sub>じゅんび</sub>をしよう

うさぎを飼<sub>か</sub>うことになったら、うさぎをおうちにむかえる前<sub>まえ</sub>に、だれがどんなお世話<sub>せわ</sub>をするのかなど、うさぎといっしょにすごすルールをきめておきましょう。また、家<sub>いえ</sub>の中<sub>なか</sub>に危険<sub>きけん</sub>がないかを確認<sub>かくにん</sub>したり、食事<sub>しょくじ</sub>やはいせつに必要<sub>ひつよう</sub>なグッズをそろえたりしましょう。

## ケージのおき場所<sub>ばしょ</sub>を考<sub>かんが</sub>えよう

うさぎが安心<sub>あんしん</sub>してすごせる快適<sub>かいてき</sub>な場所<sub>ばしょ</sub>に、ケージをおきましょう。

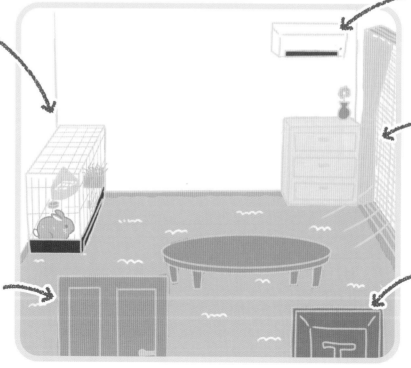

**部屋<sub>へや</sub>のすみ**
2面<sub>めん</sub>がかべにつく場所<sub>ばしょ</sub>にケージをおくと、うさぎは人<sub>ひと</sub>の動<sub>うご</sub>きが気<sub>き</sub>にならずに落<sub>お</sub>ちつける。

**ドア**
音<sub>おと</sub>や振動<sub>しんどう</sub>がストレスになるので、人<sub>ひと</sub>の出<sub>で</sub>入<sub>い</sub>りが多<sub>おお</sub>いドアの近<sub>ちか</sub>くにはケージをおかない。

**エアコン**
急<sub>きゅう</sub>な体温<sub>たいおん</sub>の変化<sub>へんか</sub>を防<sub>ふせ</sub>ぐため、エアコンの風<sub>かぜ</sub>が直接<sub>ちょくせつ</sub>当<sub>あ</sub>たるところにはケージをおかない。

**窓<sub>まど</sub>**
うさぎは暑<sub>あつ</sub>さと湿気<sub>しっけ</sub>が苦手<sub>にがて</sub>。空気<sub>くうき</sub>がこもりやすく、直射日光<sub>ちょくしゃにっこう</sub>が当<sub>あ</sub>たる場所<sub>ばしょ</sub>にはケージをおかない。

**テレビ**
耳<sub>みみ</sub>がいいうさぎは大<sub>おお</sub>きな音<sub>おと</sub>が苦手<sub>にがて</sub>なため、ケージをテレビからはなす。

## 必要なグッズをそろえよう

必ず用意したいのは、ケージやトイレなどの飼育グッズやごはん。そのほかは必要になったら用意しましょう。

### ケージ

うさぎがねたときに足をのばせる広さがあり、立ったときも耳がケージの天井につかない高さを基準として選ぶ。トレイにはペットシーツをしいておく。

**ケージのサイズ（目安）**

**60サイズ**
（ネザーランドドワーフやホーランドロップなどの小型種）
➡ はば60 cm、奥行50 cm、高さ50 cm以上

**80サイズ**
（ダッチやミニレックスなどの中型種）
➡ はば80 cm、奥行50 cm、高さ55 cm以上

### おうちのレイアウト

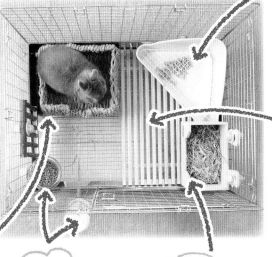

### トイレ

いろいろな材質がある。なかにはトイレ用の砂を入れたり、ペットシーツをしいたりする。

### すのこ

ゆかを半分おおうくらいのサイズを用意して、ケージの下にしく。

### ハウス

むかえたばかりのときは、かくれる場所があると安心する。

### ごはん

うさぎのごはんは牧草とフードの2つ。成長に合わせて選ぶ（➡26ページ）。

### 食器

フードを入れる器と飲み水を入れるボトルの2つ用意する。

### 牧草入れ

牧草をたっぷり入れられるものを選ぶ。

### 温湿度計

ケージの近くにおき、朝晩などに温度と湿度を確認する（➡32ページ）。

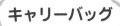

### キャリーバッグ

むかえるときや病院に行くときに使う。

## あると便利なグッズ

### かじり木

かんでストレスを発散する。ケージに固定できるものがおすすめ。

### ケア用品

うさぎのケアに必要なグッズを用意する（➡38ページ）。

### 防暑・防寒グッズ

暑さや寒さに合わせたグッズを用意する（➡32ページ）。

### おもちゃ

トンネルやボールなどいろいろな種類がある（➡35ページ）。

23

# むかえるときの注意

新しい家に来て、うさぎはきんちょうしています。
どんなことに気をつけたらよいでしょう？

## なれるまでは時間がかかる

うさぎによってちがいもありますが、うさぎは基本的に新しい環境になれるまで時間がかかります。また、こわい思いをするとなかなかその記憶を忘れないので、最初に無理やりふれあおうとすると、仲よくなるのに時間がかかります。その家や家族が安全だとわかってもらえるまでは、そっと見守りましょう。

### うさぎをむかえに行くとき

ケージやお部屋の準備ができたら、キャリーバッグをもって、うさぎをむかえに行きましょう。

#### ● うさぎのようすを聞く

そのうさぎのことをよく知っているのは、おむかえ先の人です。気になることがあれば、必ず聞いておきましょう。とくに、つぎのことは確認しておくとよいでしょう。

うさぎのごはんやトイレは、むかえる当日よりも前に聞いておき、あらかじめ準備しておこう。

**聞くこと**

- うさぎの品種
- うさぎの年れいや性別
- ふだんのウンチやオシッコの状態
- どんな飼育環境だったか
- どんなごはんを食べているか
- どんなトイレを使っているか
- どんな遊びが好きか

#### ● 午前中に行く

午前中にむかえに行き、家になれてもらう時間を長くとりましょう。うさぎは環境の変化が苦手ですが、万が一体調をくずしたときも、病院が開いている時間なら安心です。

うさぎは自分のにおいがついているものがあると安心する。使っていたタオルやおもちゃなどをゆずってもらえるようなら、いっしょにもち帰る。

## 1週間のすごしかた

家に来てからはじめの1週間は、新しい環境になれる大事な時期。必要なお世話以外は、なるべくかまいすぎないようにします。

### むかえた日

むかえに行く前におむかえ先で食べていたごはんとおやつ、水、トイレなどをケージにセットしておく。家についたらすぐにうさぎをケージに入れ、布をかぶせる。すき間からようすを見つつ、そっとしておく。

### 2～3日目

うさぎが少し落ちついてきたら、やさしく声をかけてから、ごはんや水の交かん、トイレのそうじなどを行う。このとき、こわがっていないかなど、うさぎのようすを確認する。

### 4～6日目

新しい環境になれてきたら、人にもならしていく。ケージの外から声をかけて、うさぎが好きなおやつや野菜を手からあげてみる。けいかいしているようならその日はあきらめ、つぎの日にふたたびチャレンジする。

### 1週間～

ケージの中でリラックスしているようなら、扉を開けてうさぎが出てくるのを待ってみる。うさぎが近づいてきたら、そっと頭をなでてみる。また、ケージまわりにサークルをセットし、うさぎをひざの上でだっこしてみてもよい。うさぎがにげたら自分で入るまで待つ（無理につかまえない）。

## 落ちついたら病院へ

うさぎをむかえて、うさぎが落ちついたころに病院へ連れていき、体調をくずしていないか、病気になっていないかなどを検査しましょう。飼育相談や避妊・去勢手術（→43ページ）の相談もしましょう。

## はじめてなら1ぴきで飼おう

うさぎはなわばり意識が強いので、2ひき以上のうさぎを飼うときは、必ずケージや遊ぶ時間を分けるようにしましょう。うさぎどうしが仲よくできるとはかぎらないことを理解して飼いましょう。はじめてうさぎを飼うなら、1ぴきがおすすめです。

# ごはんをあげよう

うさぎが健康にすごせるように、
正しいごはんのあげかたをおぼえましょう。

## 毎日の食事が大切！

うさぎもわたしたちと同じように、毎日の食事が健康につながります。それぞれのうさぎに合うごはんを選び、毎日きまった量をあげるなど、うさぎの健康を守るために飼い主が知っておきたいポイントを確認しましょう。

## ごはんを選ぼう

草食動物のうさぎには、食物せんいが豊富な牧草をたくさん食べさせ、足りない栄養をフードで補います。年れいにより必要なエネルギー量などがことなるため、牧草やフードをきりかえることも必要です。

\ 牧草が主食 /

### 牧草

イネ科とマメ科の牧草がある。チモシーなどイネ科の牧草は、せんい質が多くカルシウムが少ない。アルファルファなどのマメ科の牧草は、せんい質が少ないが栄養が豊富。牧草は種類や産地、収穫時期によって味や食感、せんい質の量が変わる。はじめはせんい質が多い1番刈りをあげよう。いろいろな種類の牧草を食べさせておくと、種類を変えたときに食べなくなるおそれが少ない。

\ 栄養を補う /

### フード

牧草だけではとれない栄養を補う。子ども用、おとな用、シニア用など、年れい別、うさぎの品種別にいろいろな種類がある。おもな原料は、チモシー（イネ科）とアルファルファ（マメ科）の2種類。まずは、そのうさぎがそれまで食べていたフードをあげよう。

イネ科の牧草（チモシー）

マメ科の牧草（アルファルファ）

## ごはんをあげてみよう

1日に食べるごはんの量は、うさぎの年れいや体重、健康状態などによってことなります。牧草は食べ放題にして、フードはそのうさぎに必要な量をきめて、毎日はかってあげましょう。ごはんの減り具合にも注意しておけば、うさぎの食欲がないときに気づきやすくなります。

### 1日の牧草・フードの種類と量の例

| 年れい | 牧草の種類 | フードの種類と量 | |
|---|---|---|---|
| ～6、7か月 | イネ科／マメ科 | イネ科／マメ科（子ども用） | 体重の5～7% |
| 6、7か月～1さい | イネ科 | イネ科（おとな用） | 体重の2.5～3% |
| 1～5さい | イネ科 | イネ科（おとな用） | 体重の1.5～3% |
| 5さい～ | イネ科 | イネ科（シニア用） | 体重の1.5% |

## 牧草のあげかた

### ❶ いつでも食べられるようにしよう

牧草はうさぎのおなかの調子を整えてくれる。牧草入れにはいつも牧草をたくさん入れておこう。ただし、フードを残すようなら牧草の量を調節しよう。

### ❷ なるべく新鮮なものをあげよう

うさぎは新鮮な牧草を好む。牧草は買いだめせずに少しずつ買って、フードをあげるときに牧草入れに残っている牧草は捨てよう。

### 🖐 牧草をあげるポイント

●おもちゃといっしょにあげる
中に牧草を入れて遊びながら牧草を食べられるおもちゃがあります。

●香りをよみがえらせるには？
牧草の袋を開けてしばらくすると、牧草が湿気を吸って香りがしなくなります。そんなときは、太陽の光に当てて天日干しにしたり、細かく切ったりすると、香りがもどります。

## フードのあげかた

### ❶ きまった量をあげよう

1～5さいのうさぎが1日に食べるフードの量は、体重の1.5～3％が目安。しっかりはかってあげよう。牧草にくらべて食いつきがいいが、牧草よりカロリーが高く、せんい質が少ないので、あげすぎないように注意が必要。

### ❷ 回数を分けてあげよう

1日に必要な食事の量を2回に分けてあげよう。うさぎは夜間によく活動するので、朝は3分の1、夜は3分の2の量を、毎日同じ時間にあげよう。急にフードを残すようになったら、おやつの食べすぎや体調不良のおそれがある。

# 食べさせてはいけないもの

人間の体にとっては問題がなくても、
うさぎが食べると命にかかわる食べものがあります。

## 人間のごはんはあげないで！

うさぎは草食動物なので、人間用に味つけした食品や動物性食品は、うさぎの体によくありません。人間のおかしに入っているバターや牛乳などもうさぎには消化できないので、あげないようにしましょう。また、うさぎの命にかかわる危険な食べものもあるので注意しましょう。

## ！ 絶対にあげてはいけないもの

食べるとうさぎが中毒を起こしたり、体調を悪くしたりしてしまう食べものはたくさんあります。

- ✕ ネギ類
- ✕ ニンニク
- ✕ アボカド
- ✕ ジャガイモの芽や皮
- ✕ 豆・ナッツ類

- ✕ ごはん・パン（炭水化物）
- ✕ チョコレート・コーヒー・お茶（カフェイン）
- ✕ アルコール
- ✕ 硬水のミネラルウォーター

 ✕     ✕     ✕

食べもののほかにも、気をつけたいものがあります。うさぎがあやまって口にしないよう、つぎのものはうさぎの近くにおかないようにしましょう。

## 植物

シクラメンやポインセチア、ユリなど、観葉植物の中にはうさぎが食べてしまうと中毒を起こすものが多くある。遊ばせる部屋にはおかないようにしよう。

## タバコ

少しでも体の中に入るとうさぎの命にかかわるので、絶対に近づけないようにしよう。また、タバコのけむりを吸うこともうさぎの健康によくないといわれている。

 ## こんなとき、おやつをあげよう

うさぎは毎日同じごはんでも、あきることはありません。基本的におやつをあげる必要はありませんが、肥満にならないくらいの少しの量なら、ときどきあげてもいいでしょう。おやつをあげるときは野菜や果物など、うさぎが食べても問題ないものを、ほんの少しだけあげましょう。

### おやつの例

**野菜**
- セロリ
- にんじん
- ブロッコリー
- こまつな

**果物**
- いちご
- りんご
- パパイヤ
- メロン

**野草**
- クローバー（シロツメクサ）
- オオバコ
- ハコベ
- ナズナ

 **おやつはほんの少しでOK！**

### ● 食欲がないとき

いつものごはんを食べないときにあげてみよう。12時間以上ごはんを食べていないときはすぐに病院に行こう。

### ● しつけをするとき

トイレができたときや名前を呼んだらやってきたときなどに、おやつをあげよう。

### ● ごほうび

だっこやつめ切り、ブラッシングなど苦手なことをがまんしたときに、ごほうびのおやつをあげよう。

# トイレを教えよう

うさぎは基本的にトイレをおぼえます。
家になれてきたころに、チャレンジしてみましょう。

## あせらずに教えよう

本来うさぎはとてもきれい好きで、きまった
場所ではいせつする習性があります。自分の
においが残っているところをトイレと認識す
るため、この習性を利用すれば、トイレをお
ぼえてくれることがあります。しかし、個性
や性格によってはおぼえないうさぎもいま
す。根気強く教えてもおぼえないようなら、
好きにさせてあげることも大切です。

## トイレではいせつしない場合

個性や性格のほかに、時期や年れいによっても
トイレではいせつしない場合があります。

### おとなのうさぎ

性成熟すると、スプレー行動（→9
ページ）をしたり、なわばりを広げ
ようとトイレではない場所ではい
せつしたりすることがある。すば
やいふきとりと消臭が必要（→31
ページ）。

### 老うさぎ

年をとるとトイレの容器にのりに
くくなり、はいせつを失敗するこ
とがある。のったりおりたりしや
すいようにトイレにスロープをつ
けるなど、くふうしよう。

### ウンチはどこでも

オシッコほど強いにおいを残したくないが自分
のなわばりを示したいときに、うさぎはケージ
や部屋の中でウンチをばらまくことがありま
す。これはうさぎの習性のため、やめさせるこ
とはできません。オシッコは同じ場所でしつづ
けるようになっても、ウンチはきまった場所以
外にもしてしまいます。

つぎのステップでトイレを教えてみましょう。
失敗しても絶対にしからないようにしましょう。

## トイレの教えかた

### ① きまった場所におこう

うさぎは安心できる場所だと、はいせつしやすい。ケージのすみなど、2面がかべに接するような場所に、トイレをおこう。

### ② においでおぼえさせよう

オシッコをふいたティッシュやウンチをトイレに入れよう。はいせつぶつのにおいで、ここがトイレだとわかる。

### トイレをおぼえないときは……

#### 容器を変えてみよう

トイレの大きさや高さがうさぎに合わないのかもしれないので、別のトイレ容器に変えてみよう。

#### 場所を変えてみよう

トイレの場所が気に入らないのかもしれないので、よくオシッコをする場所に容器を移動させよう。また、ケージの中でうさぎがいつもくつろいでいる場所に容器をおいて試してみよう。

牧草を食べながらはいせつするのが好きなうさぎも多いので、トイレの上に牧草入れをセットしてみよう。

#### 容器をはずしてみよう

トイレ容器をはずし、容器があった場所にペットシーツとトイレ砂だけをセットする。そこにはいせつをしてくれるようになったら、また①から試してみよう。

 ### トイレをしつけるポイント

トイレを失敗したとき、そこにはいせつぶつのにおいが残っているとまた同じ場所ではいせつしてしまいます。失敗したらはやめにふきとり、消臭剤などでにおいを消しておきましょう。

# ケージをそうじしよう

うさぎはケージの中ですごす時間が長いため、
気もちよくすごせるようにきれいにしましょう。

## 清けつにたもち
## 病気の原因をなくそう!

ケージがよごれていたり、温度や湿度の変化がはげしかったりすると、うさぎは病気になってしまいます。うさぎの健康を守るために、いつも清けつで気もちのよい状態にしておきましょう。

### 温度と湿度に気をつけよう

うさぎは汗をかかないので、体に熱がたまりやすくなります。温度は18〜24℃、湿度は40〜60％がうさぎにとってよい状態。エアコンや加湿器、除湿器などで温度と湿度を調整しましょう。

**春・秋**

暑くもなく寒くもなく、うさぎにとってすごしやすい季節。ただし、温度差の大きい日もあるので注意が必要。毛がはえ変わる時期なのでブラッシングを忘れずに（→38ページ）。

**梅雨**

部屋の湿度が高いと皮ふ病などにかかりやすくなる。風通しをよくし、湿度が40〜60％の間になるよう、除湿器やエアコンで調整しよう。水やごはんもいたみやすいので注意。

40〜60℃

**夏**

温度が28℃以上になると熱中症になる危険がある。それほど暑くないときは、風通しをよくしてすずしくし、気温が高いときにはエアコンで28℃以下にたもとう。

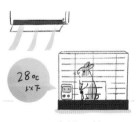
28℃以下

**冬**

温度は20℃以上をたもとう。すき間風やエアコンの風が直接当たらない場所にケージをおこう。加湿器を使ったり、飲み水を切らさないようにしたりして、かんそうにも注意しよう。

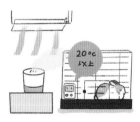
20℃以上

## ケージのそうじをしよう

ケージのよごれは病気のもと。うさぎのケージはぬけた毛やはいせつぶつなどでよごれやすいため、そうじをしてきれいにしましょう。毎回ケージをすみずみまでそうじをする必要はありません。毎日することと定期的にすることを分けて行いましょう。

### 尿石よごれに注意

うさぎのオシッコにはカルシウムがたくさんふくまれています。トイレについたうさぎのオシッコは、かわくとかたまって尿石となり、こすってもなかなか落ちません。こまめにそうじをしましょう。

## そうじのしかた

### 毎日

**① トイレをそうじしよう**

トイレのよごれたシーツや砂をとりかえる。よごれがあればふきとる。

**② ケージの下のシーツもとりかえよう**

ケージの下のシーツをかえる。すのこがウンチやオシッコでよごれていないかもチェックする。

### 週に1回

**① 食器を洗おう**

食事をあげる前に水洗いする。フードの器は水気をよくふきとり、飲み水用のボトルはブラシで洗う。

**② トイレ・すのこを洗おう**

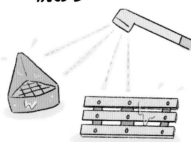

週に1回はトイレとすのこをブラシやヘラを使って水洗いし、完全にかわかしてからケージにもどす。

### 月に1回

**ケージ・おもちゃを洗おう**

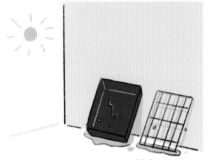

おもちゃやケージを分解してすみずみまで洗う。木製のものは、かたくしぼったぬれぶきんでふく。水気をふきとり、太陽の光に当ててしっかりかわかす。

そうじ中は、うさぎはサークルやキャリーバッグの中にいてもらおう。

# うさぎと仲よくなろう

うさぎとの接しかたにはコツがあります。
コツをつかんで、うさぎと仲よくなりましょう。

## うさぎがいやがることをしないようにしよう

うさぎとたくさんふれあいたいですね。うさぎと仲よくなるために、気をつけたいポイントがあります。最初にうさぎにこわがられてしまうと、そのあと仲よくなるのがむずかしくなります。急にさわったり、大きな声を出したりしてこわがらせないようにしましょう。しつこくしたり、いやがることをしたりしなければ、仲よくなれるはずです。

### うさぎにさわろう

健康チェックやブラッシングをするためにも、スキンシップは欠かせません。いつでもどんな場所でもさわれるように、少しずつならしていきましょう。

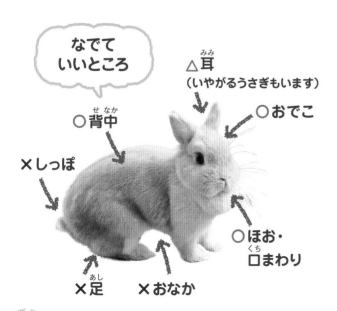

なでていいところ

△耳
（いやがるうさぎもいます）

○おでこ

○背中

×しっぽ

○ほお・口まわり

×足

×おなか

### ！ さわるときに気をつけること

●うさぎがこうふんしているときにはさわらない

うさぎがいやがっているときに無理にさわろうとすると、「いやなこと」としておぼえられてしまう。

●やさしく声をかけよう

なでているときやだっこしているときに、やさしく声をかけて安心させよう。

●足やしっぽをつかまない

うさぎがにげてしまっても、足やしっぽをつかんではだめ。ケガをする危険がある。

## うさぎをだっこしよう

うさぎはだっこが苦手です。けれども、病院に行くときなどに必要なので、仲よくなれたらだっこを練習しましょう。

### だっこのしかた

**① 正面にすわって引きよせる**

おしりを包むように

はじめてだっこするときは、ケージの前にすわり、うさぎと向かいあう。利き手をおなかの下、もう片ほうの手をおしりにそえて、うさぎをそっと引きよせる。

**② 体に密着させて、おしりと足を安定させる**

おなかを支えていた手をぬいて、うさぎが暴れないように自分の体に密着させる。

**ポイント**

**暴れたときは**

うさぎが暴れたときは、うさぎの顔を手などでかくして視界をさえぎる。

### 「部屋んぽ」をしよう

ずっとケージの中にいると、うさぎも運動不足になってしまいます。1日1回ケージから出して、おさんぽ（部屋んぽ）させましょう。はじめはサークルの中で行い、少しずつ行動できるはんいを広げていきましょう。オシッコでマーキング（しるしづけ）などをするおそれがあるので、ソファーやふとんなどにのせないようにしましょう。

**転がすおもちゃ**

鼻でつついたり、足でけったりして遊べるおもちゃ。

**もぐるおもちゃ**

トンネルのおもちゃは中を走りぬけたり、その中で落ちついたりする。

**サークル**

65cm以上の高さがあり、うさぎが動かせないようなものを選ぶ。ゆかには毛足の短いマットをしいて、すべらないようにする。

**ほるおもちゃ**

やわらかい布製のマットや牧草をあんだマット、箱の中に牧草を入れたものなど。

**遊ぶときのポイント**

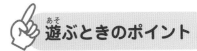

●部屋の中が安全か確認しよう

●遊ぶ時間は30分〜（なれてきたら）2時間を目安に

●きまった時間に行おう

# うさぎの気もちを知ろう

うさぎのしぐさなどを観察すると気もちがわかります。
気もちを知って、もっとうさぎと仲よくなりましょう。

## 表情やしぐさに注目しよう

うさぎは言葉が話せませんが、表情やしぐさ、姿勢などに気もちがあらわれます。観察するポイントを知って、うさぎの気分や気もちをさぐってみましょう。

### 鼻

ゆったり
ヒクヒク

高速
ヒクヒク

うさぎはいつも鼻を動かしてまわりの情報を集めている。リラックスしているときはゆっくり動かす。こうふんしていたり、けいかいしていたりすると、はやく動かす。

### 目

うさぎはねるときもたいてい目を開けている。ふだんよりも大きく見開いているときはびっくりしてけいかいしているとき。反対に目を細めているときはリラックスしているとき。

ぱっちり

細める

### 耳

耳をピンと立てているのはまわりの情報を必死に集めているとき。耳をたおしていて体の力がぬけているときはリラックスしているとき。ただし、体に力が入ってうずくまっているときは体調がわるいサインかもしれない（→41ページ）。

ピンと立たせる

うしろにたおす

### 鳴き声

うさぎは人間のように声を出すことができませんが、鼻やのどを鳴らしたり歯ぎしりしたりして、気もちを表現します。

**プウプウ**
きげんがいいときやうれしいとき、あまえたいとき。かまってあげよう。

**ブーブー**
不満があるときやおこっているとき。低く大きい音なのでわかりやすい。

**キー**
苦しいときや強いきょうふを感じたとき。病気の可能性もあるので獣医さんに相談しよう。

**カチカチ**
なでられているときなど気もちがいいとき。ひとりでいるときの「ギリギリ」と強い歯ぎしりは苦しいときや痛いとき。

# このしぐさはどんな気分のとき？

もっと知りたい

## あくび

うさぎは人間と同じようにリラックスしているときやねむいときにあくびをします。きんちょうしているときにもあくびをすることがあります。

## ゆかにゴロン

足をのばしてゆかにねそべっているのは安心してくつろいでいる状態です。急にバタンとたおれてねたり、あおむけになってねたりするうさぎもいます。

## 足もとをグルグルまわる

飼い主に遊んでほしいときに、飼い主の足もとをグルグルとまわります。なわばりを主張したり、求愛したりするときにもこの行動が見られます。おもちゃなどで気をそらしてあげましょう。

## うしろ足で立つ

うしろ足で立つことによって、手をついているときより広いはんいの音が聞こえるようになります。まわりが安全かどうか確かめています。

## うしろ足を「ダンッ」と鳴らす

巣穴にいる仲間に危険を知らせるときにするしぐさで「スタンピング」といいます。不満があるときや、いかくするときにもすることがあります。そっとしておきましょう。

## ケージをかじる

ケージから出たいときやおやつがほしいときに見られます。くり返すと歯が曲がってしまうので、かじり木（→23ページ）などで対策しましょう。

37

# 体のケアをしよう

うさぎに必要なケア（お手入れ）のしかたをおぼえて、
うさぎの体を清けつに、健康にたもちましょう。

## お手入れして健康に

うさぎは毛づくろい（グルーミング）をして
自分で体をきれいにすることができます。
けれども、不十分なこともあるので、定期
的に飼い主がお手入れしてあげましょう。
体のケアは見た目をきれいにするだけでな
く、健康を守るためにも大切です。

### ブラッシング

うさぎは体をなめて毛づくろいしますが、飲みこんだ毛がおなかに
たまると病気になることも。定期的にブラッシングをしましょう。

#### 短毛種のブラッシングのしかた

道具

スリッカーブラシ

グルーミングスプレー

ラバーブラシ

とん毛（ぶたの毛）ブラシ

回数
数日に1回

**1** グルーミングスプレーをふきつけ、よくもみこむ

**2** スリッカーブラシでとかす

**3** ラバーブラシでぬけ毛をとる

**4** しあげにとん毛ブラシでとかす

## 長毛種のブラッシングのしかた

**道具**

両目ぐし

ペット用静電気
防止スプレー

スリッカー
ブラシ

とん毛
（ぶたの毛）
ブラシ

**回数**

毎日

**1** 静電気防止スプレーを
ふきつける

**2** 両目ぐしで毛のからみを
ほぐす

**3** スリッカーブラシでとかす

**4** しあげにとん毛ブラシで
とかす

---

## つめ切り

つめがのびていると、人を傷つけることがあります。また、うさぎのケガにつながることもあるので、少しずつつめ切りにならしていきましょう。

**道具**

小動物用つめ切り

**ポイント**

血管

ここを切る

赤やピンクになっている血管から、2〜3mmのところでつめを切る。むずかしい場合は病院などでやってもらおう。

---

## 目のそうじ

うさぎの目はそんなによごれていることはありませんが、目やにやなみだでよごれているときはふきとりましょう。

**道具**

コットン

**ポイント**

目のまわりがよごれていたら水やぬるま湯でしめらせたコットンで、よごれをやさしくふきとろう。

---

## 耳のそうじ

うさぎの耳は皮ふがうすくて傷つきやすいです。耳の中をチェックしてよごれているときだけそうじしましょう。

**道具**

綿棒

**ポイント**

耳がよごれていたら、綿棒でよごれをやさしくふきとろう。耳の奥まで綿棒を入れると、耳を傷つけてしまうので注意。

**3** うさぎのお世話をしよう

# 健康チェックをしよう

うさぎの不調に気づけるように、毎日お世話をしながら、
うさぎのようすをチェックしましょう。

## うさぎの健康を守ろう

動物は具合が悪くても言葉でわたしたちに伝えることができません。体のようすや行動などを観察し、うさぎからのＳＯＳに気づくのは飼い主の大事なつとめ。食欲と行動、トイレなどの健康チェックは、毎日しましょう。病気やケガに気づくためには、健康なときのようすを知っておくことも大切です。

スキンシップをとりながら、体のチェックをしよう。

### ☑ 体のチェック

このページをコピーして、あてはまるようすがあれば、□にチェックを入れましょう。気になることは表紙うらの「健康観察シート」に書いて獣医さんに相談しましょう。

右の二次元コードからもダウンロードできます。

---

**鼻・口**

☐ 鼻水やくしゃみが出る。
☐ 歯が変な形にのびている。
☐ よだれが出ている。
☐ 歯ぎしりをする。

**目**

☐ 目やにやなみだが出ている。
☐ まぶたがはれている。
☐ まぶたが赤い。
☐ 目が白くにごっている。

**耳**

☐ かゆがっている。
☐ アカがたまっている。
☐ 両耳をはげしくふっている。
☐ くさいにおいがする。

**足**

☐ つめがのびている。
☐ 足のうらがはれたり、ただれたりしている。

**おなか・おしり**

☐ おなかがはっている。
☐ おしりがウンチやオシッコでよごれている。

40

## ☑ トイレのチェック

トイレそうじをするときに、毎日オシッコやウンチの色、量、においなどを確認しましょう。

### オシッコ

- ☐ オシッコの量が少ない。
- ☐ オシッコの色が赤かったり、とう明だったりしている。

### ウンチ

- ☐ ウンチが出ていない。
- ☐ げりをしている。
- ☐ いつもより小さい。
- ☐ いつもよりくさい。
- ☐ 毛でつながっている。

健康なときのウンチは茶色かうす茶色でコロコロとしている。つぶが小さすぎないか、つながっていないかなどをチェック。

## ☑ 食欲と行動のチェック

うさぎは12時間以上ごはんを食べていないと、命を落とす危険があります。明らかにようすがおかしいときはすぐに病院へ。

### 食欲

- ☐ ごはんをほとんど残している。
- ☐ 最後にごはんを食べてから12時間以上たっている。
- ☐ 水を飲まない。

### 行動

- ☐ うずくまっていて動かない。
- ☐ 元気がなくて耳が冷たい。
- ☐ ぐったりしている。
- ☐ 呼吸が大きくてあらい。

うさぎは体調不良をかくす動物。飼い主が気づくほどようすがおかしいときは緊急事態です。夜に気づいたときは夜間診療をしている病院へ。

##  薬をあげるときのポイント

うさぎが病気になったら、おうちで薬をあげることも必要です。薬にはシロップや粉薬、目薬（目や耳にさす）などがあります。バスタオルなどでくるむと、うさぎが暴れないため、あげやすいでしょう。シロップは口の横からスポイトなどであげ、目薬は目や耳を事前にきれいにしてからさします。粉薬はお気に入りのおやつやフードに混ぜたり、お湯にとかしてスポイトなどであげましょう。

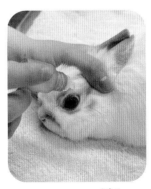

むずかしいときは獣医さんに相談しよう。

# 病院へ行こう

獣医さんは、うさぎの健康を守ってくれる強い味方。
信らいできる動物病院をさがして連れていきましょう。

## 病気じゃなくても病院に連れていこう

動物病院では、病気の治療だけでなく、健康診断やつめ切りなどのケアも行っています。うさぎは知らない場所や人をこわがりますが、病気になったときに困らないように健康なうちに定期的に病院に連れていってならしましょう。かかりつけの病院があると、困ったことや心配なことがあるときも相談ができて安心です。

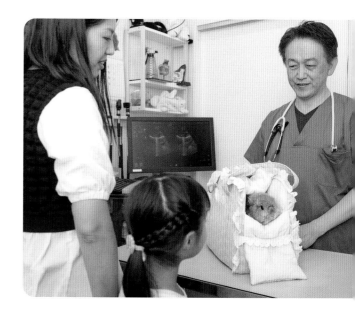

### 病院に連れていくとき

うさぎを飼いはじめたら、動物病院へ行く機会も多くなります。病院へ連れていくときの手順を見ていきましょう。

**①病院に電話する**

病院が開いているかあらかじめ電話で確認しよう。

**②キャリーバッグに入れる**

うさぎはキャリーバッグに入れて連れていく。待合室ではキャリーバッグから出さないようにしよう。

**③先生に質問する**

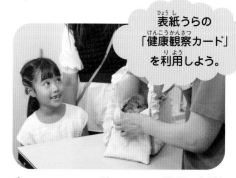

表紙うらの「健康観察カード」を利用しよう。

気になることを伝えよう。先生の質問にも答えられるよう、うさぎのようすをメモしてもっていこう。うさぎのようすを動画でさつえいしておくと、より伝わりやすくなる。

## 健康診断を受けよう

病気は早期発見、早期治療が大切。5さいまでは半年に1回、5さい以上は3か月に1回は、健康診断を受けましょう。病院ではつぎのような検査を行っています。

### 体重測定

適性体重かどうかを確認する。

### 視診・触診

目で見て、体をさわって、しこりなどの異常がないかを確認する。

### 聴診

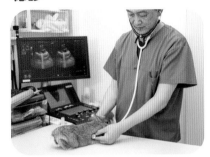

聴診器を当てて心臓の音を聞き、異常がないかを確認する。

### 血液検査

血液をとって、腎臓病や糖尿病などの病気がないか、貧血を起こしていないかなど、体の状態を調べる。

### 尿・便検査

ウンチやオシッコを調べて、腎臓や腸の病気などがないか調べる。

### 画像検査

超音波検査やX線検査で、内臓の大きさやしこりがないかなどを調べる。

## 避妊・去勢手術

子どもをつくる体の機能をとる手術を、避妊・去勢手術といいます。病気の予防や困った行動（→9ページ）をおさえるために手術をしたほうがよいでしょう。ただし、うさぎの一生をきめる大事な問題なので獣医さんや家族と相談してきめましょう。

### 手術をする時期

オス……生後5か月～1さいくらい
メス……生後7か月～1さいくらい

### よい点

● 生殖器の病気を予防できる
● 困った行動をおさえられる
● 性格がおだやかになる

### 心配な点

● 太りやすくなる
● 全身麻酔を使う

43

# うさぎの病気・ケガについて

うさぎがかかりやすい病気や、しやすいケガを知っておくと、予防や早期発見につながります。もしものときに大切なうさぎを守れるように、確認しておきましょう。

## 不正咬合

うさぎの歯は一生のび続けますが、牧草を食べることで上下の歯がこすれあってすり減り、一定の長さにたもたれています。しかし、なんらかの原因でかみ合わせがずれると、歯がのびすぎて口の中を傷つけてしまいます。

**症状**　よだれがひどくなる。のびた歯が前歯の場合はくちびるを、奥歯の場合はほおを傷つける。食べたそうにしているのに食べられない。

**予防**　牧草など、しっかりとかむごはんをあたえる。ケージにかじり木をとりつける。

**治療**　のびすぎた歯を定期的にけずり、口の中に当たらないようにする。一生治療が続くこともある。

## うっ滞

胃腸の働きが悪くなった状態のことをうっ滞といいます。原因として、ストレスや運動不足、毛づくろいのときに飲みこんだ毛が胃で固まってしまうことなどが考えられます。

**症状**　ごはんを食べなくなる。ウンチが小さくなったり、量が少なくなったり、げりや便秘になったりする。うずくまって苦しそうにする。

**予防**　ブラッシングをしっかり行い、うさぎがぬけ毛を飲みこまないようにする。せんい質の多い牧草を食べさせる。

**治療**　消化管の運動促進剤や整腸剤をあげたり、マッサージしたりして胃腸の動きをよくする。

## 斜頸

中耳炎の細菌やエンセファリトゾーンという寄生虫が神経にダメージをあたえると発症します。原因がわからないこともあります。発見してすぐに治療をはじめれば完治する可能性もあります。

**症状**　首をかしげているように頭がかたむく。ひどくなると自分の体をコントロールできなくなり、ごはんも食べられなくなることもある。

**予防**　突然発症することもあるため、予防はむずかしい。耳の中をきれいにし、ケージまわりも清けつにたもつようにする。

**治療**　細菌感染の場合は抗生物質、エンセファリトゾーンの場合は駆虫薬を投与します。治るまでにかなりの日数が必要。

## 尿石症

オシッコの中に結晶（尿結石）ができ、それがオシッコの通り道（尿路）につまったり、ぼうこうを傷つけたりする病気。

| 症状 | オシッコの量が減る。血尿が出る。うずくまったり歯ぎしりしたりする。 |
| 予防 | カルシウムの少ないフードやイネ科の牧草をあたえ、水分不足にならないように水をあたえる。 |
| 治療 | 尿結石が大きければ手術で尿路をふさいでいる石をとりのぞく。 |

## ソアホック

ケージや部屋のかたいゆかでうさぎのかかとに負たんがかかり、かかとの毛がぬれたり、皮ふがかぶれたりする病気。

| 症状 | うしろ足のうらの毛がぬけてしまい、かさぶたなどができる。かかとをつけずに歩くようになるため、歩きかたがぎこちない。 |
| 予防 | 太らせすぎない。ゆかにやわらかいマットをしく。つめをのばしすぎない。 |
| 治療 | ひどい場合はぬり薬や飲み薬などで炎症をおさえる。 |

## 熱中症

うさぎは暑さに弱い動物です。28℃をこえるような暑くて風通しの悪い場所では、熱中症になってしまいます。

| 症状 | 耳が赤くなる。呼吸があらくなる。ぐったりする。 |
| 予防 | 部屋の風通しをよくし、温度と湿度の管理をしっかり行う。 |
| 治療 | 氷水でぬらしたタオルと保冷剤で体を冷やしてすぐに病院へ。 |

## 骨折

うさぎの骨ははやく走るために軽くできています。そのため、高所から落ちたり、ケージの中で暴れたり、だっこをして落としたりするなど、ちょっとしたことで折れてしまいます。

| 予防 | 高いところにのぼらせないように注意する。うさぎをだっこをするときは必ずすわって行う。 |
| 治療 | ギプスやプレート、ピンなどを入れる手術が必要な場合が多い。治療後は安静にすごす必要がある。 |

## ！ うさぎから人にうつる病気に気をつけよう

### 皮ふ糸状菌症

菌に感染して、皮ふにカビがはえる病気で、うさぎが感染すると脱毛やフケなどが見られる。人が感染すると、かゆみが出て、赤みや水ぶくれができる。

### パスツレラ感染症

健康なうさぎの体内にもパスツレラ菌は存在するが、免疫力が低下したときに発症することがある。くしゃみや鼻水などの症状が見られる。

### 野兎病

野兎病菌をもつ野生のうさぎの血をさわったり、血を吸ったダニにかまれると、うさぎも人間も感染する。1999年以降、発症は確認されていない。

# こんなとき、どうする？ Q&A

うさぎとくらしていると、いろいろな問題が起こることがあります。いざというとき、どうすればよいでしょうか。

## Q 災害が起こったら？

## A 事前にひなんの準備をしておき、うさぎといっしょにひなんする

もし、災害が起きてひなんすることになったら、うさぎを連れていきましょう。事前に、ペット可のひなん所もさがしておきましょう。実際にうさぎをキャリーバッグに入れてひなん所まで歩いてみる「ひなん訓練」を行っておくと、いざというときも安心です。

災害が起きたら、ペットといっしょににげる「同行ひなん」をします。

## ふだんのそなえ

### ● キャリーバッグにならす

ひなん先では、うさぎはキャリーバッグ内で生活することになります。キャリーバッグにならすことも災害対策として大切です。

### うさぎ用ひなんグッズ

人間用のひなんグッズのかばんの中やそばに、うさぎ用のグッズも用意しておきましょう。

- ☐ ふだんのうさぎ用フードと牧草、水（1週間分くらい）
- ☐ うさぎ用おやつ
- ☐ ペットシーツ
- ☐ 服用している薬
- ☐ プラスチック製や金属製のキャリーバッグ（うさぎの数分）

## Q うさぎはお留守番ができる？

## A お留守番は1泊2日まで

病気のうさぎ、子うさぎや老うさぎでなければ、1泊2日までならだいじょうぶです。ごはんや水などをきちんと準備し、エアコンをつけて適温にたもちましょう。それ以上長くなるときはペットホテルや動物病院などにあずけましょう。

## Q 年をとったら、どんなお世話が必要？

## A できなくなったことを手助けする

8さいくらいから少しずつ老化が進んでいきます。ねている時間が増えたり、毛づくろいをしなくなったりします。うさぎの体や行動の変化に合わせて、お世話のしかたも変えていきましょう。

## 老うさぎのお世話

● ごはん（フード）を
変える
老うさぎ用のフードに少しずつきりかえる。食べやすいように小さくくだいてあげるなどフードのあげかたをくふうしよう。

● こまめに
お手入れする
目やおしりのまわりもよごれやすくなるため、ふいてあげよう。

● 温度管理は
しっかりと
暑すぎたり寒すぎたりしないよう温度管理に気をつけよう。

### お別れのときがきたら？

悲しいことですが、うさぎの命は人よりもずっと短いため、いつかはお別れのときが来ます。うさぎが亡くなったらどのようにおくりたいか、家族で話しあってきめておきましょう。

**亡くなったら**
体をふいてきれいにしてから、箱や棺におさめる。埋葬するまでは、保冷剤などを入れてすずしい場所で保管する。

**埋葬方法**
庭があれば庭にお墓をつくってもよい。自治体で火葬してくれるところもあるので、役所にたずねてみよう。また、ペット霊園を利用する方法もある。

# さくいん

[ 監修 ] **蔵並秀明** （くらなみ・ひであき）

うさぎ専門店「うさぎのしっぽ」（株式会社オーグ）専務取締役。作業療法士の資格や大学で建築を学んだ経験をいかして、1997年に同社代表・町田修とともに、うさぎのいる生活をサポートする店「うさぎのしっぽ」を創業。うさぎと人間のよりよい生活を提案し、うさぎ飼育用品の開発に携わる。また、うさぎに関わるさまざまな人をつなぐイベント「うさフェスタ」の企画運営を2021年より担当。うさぎ情報誌「Shippo」の執筆、うさぎ専門カメラマンとしても活躍中。

[ 監修 ] **岡野祐士** （おかの・ゆうじ）

「LUNAペットクリニック潮見」院長。日本獣医エキゾチック動物学会所属。日本大学生物資源科学部獣医学科を卒業後、2002年に東京都江東区にて「LUNAペットクリニック潮見」を開院。いぬやねこをはじめ、うさぎやハムスター、フェレットなどのエキゾチックアニマルの診療や飼育指導にも熱心に取り組む。監修書に『幸せなうさぎの育て方』（大泉書店）、『はじめてのうさぎ 飼い方・育て方』『うさぎがおうちにやってきた！』（ともにGakken）などがある。

[ 撮影協力 ]

● 〜うさぎのいる生活をサポートする店〜うさぎのしっぽ　　https://www.rabbittail.com
● 横須賀のうさぎ専門店　ラビットハウスサニー　　https://rabbithousesunny.com

[ 編集協力 ]

● イラスト　　　　　　藤田亜耶
● デザイン・DTP　　　monostore
● 撮影　　　　　　　　中島聡美
● 編集協力　　　　　　スリーシーズン
● 写真協力　　　　　　早川明寿さん、唯夏さん・穂夏さん・ミルくん、林斯斯さん・もんもんちゃん、
　　　　　　　　　　　　平川恵理さん・ブラボーちゃん、手塚佳さん・こむぎちゃん、浅生絢音さん、浅生恵さん
● 写真提供　　　　　　保護うさぎの家　悠兎（ゆうと）、シャッターストック、ピクスタ

## 生きものとくらそう！❸　うさぎ

2024年3月10日　初版第1刷発行

監修　蔵並秀明・岡野祐士
編集　株式会社 国土社編集部
発行　株式会社 国土社
　　　〒101-0062 東京都千代田区神田駿河台 2-5
　　　TEL 03-6272-6125　FAX 03-6272-6126
　　　https://www.kokudosha.co.jp
印刷　瞬報社写真印刷株式会社
製本　株式会社 難波製本

NDC 645,489　48P/29cm　ISBN978-4-337-22503-9　C8345
Printed in Japan © 2024 KOKUDOSHA
落丁・乱丁本は弊社までご連絡ください。送料弊社負担にてお取替えいたします。

# いろいろなしぐさ

36～37ページでしょうかいしたしぐさのほかにも、
うさぎのしぐさはいろいろあるよ。それぞれどんな気分か見てみよう。

### 急に走りだす

楽しい～♪

とつぜん走りだすのは、楽しい気もちが高まったとき。
頭やおしりをふったり、ジャンプしながら体をひねっ
たりして、楽しさを表現する。

### バタンとたおれる

ちょっと
休も～

うさぎは体のつくり上、ゆっくり横になれないため、
休けいしたくなると、たおれるように転がる。あわて
てだき起こしたりせず、休ませてあげよう。

### 前足をはたく

きれいに
したい

前足をパタパタとはたくのは、顔
を洗う前にするしぐさ。野生のこ
ろのなごりで、前足についた土な
どのよごれを落とそうとする。

### パンチをする

出ていって！

なわばりに来た侵入者を追い出す
ために、パンチでこうげきしてい
る。ケージに手を入れると、うさ
ぎにパンチされることがある。

### 鼻でツンツン

ねぇねぇ

相手の気を引くときのしぐさ。遊
びにさそっていることもあるが、
飼い主にその場所からどいてほし
いときもある。